Alchimie
et le lion vert.

La vérité de la pierre
des philosophes.

STEVEN ÉCOLE

ISBN :1530667704
ISBN-13 :9781530667703

DÉVOUEMENT

Je dédie ce livre à l'étude des arts anciens. Que ce soit un phare pour ceux qui pourraient autrement être perdu dans la mer « alchimique ». Ce livre est écrit en clair au lieu de symboles secrets que beaucoup des anciens utilisés. Ce qui distingue ce livre des autres, c'est que l'auteur a mis sa main au feu, ces expériences et de découvrir cette connaissance de son propre chef. Il n'est pas censé être une instruction manuelle à fabriquer la pierre, mais afin de montrer la voie à travers le labyrinthe, si la vérité de la matière peut être réalisée avec étude intense et profonde pensée comme l'auteur lui-même a fait.

CLAUSE DE NON-RESPONSABILITÉ

À titre informatif seulement, aucune garantie expresse ou implicite quant à l'exactitude ou l'exhaustivité de toute information contenue dans les pages de ce livre. Ce livre n'est pas destiné à toute personne en particulier et ne constituent pas un avis de n'importe quel type. N'essayez pas de ces choses à la maison et ne consomment pas de toute substance. Cette information est de la spéculation de l'auteur et ne constitue pas des conseils médicaux de tout type.

CONTENU

ACCUSÉS DE RÉCEPTION

Je tiens à remercier Hermès Trismégiste, Alexander Seton, Michael Sendivogius, Nicolas et Perenelle Flamel, Theophrastus Paracelsus, Friederich Gualdus, Pline l'ancien, Edward Kelly et Lapidus. Pour leur sagesse dans cet art, venant à travers les âges pour ceux qui ont des yeux pour voir.

Solve et Coagula

1 DISTILLATION

Distillation peut être une confusion sous réserve de ceux qui veulent étudier l'art hermétique de l'alchimie et donc j'ai simplifier il. Les anciens sages ont quatre types de procédures qu'il entend par cette expression, le premier est la filtration. Ils seraient séparer leur solvant de la materia prima en à l'aide d'un filtre et puis à recueillir le liquide filtré. Le deuxième type de distillation n'est autre que le simple processus d'évaporation, fait environ la chaleur du soleil chaud. Est ensuite distillation avec une cornue de verre, alchimistes habituellement avaient vingt ou trente cornues dans leurs laboratoires médiévales. Cornues ont été beaucoup plus faciles à trouver que l'alambic, l'alambic est numéro quatre sur notre liste ici, a été le plus populaire et efficace la méthode de distillation traditionnelle. Sources de chaleur sont exigées, et ils varient comme la distillation solaire, plaçant la question à la lumière du soleil. Bain-marie ou Balneum Marie, la température de cette méthode ne doit pas dépasser le point d'ébullition de l'eau et était donc moins susceptible de brûler l'affaire travaux. L'eau du bain était généralement associé à la dissolution. Suivant est le bain Balneum siccum ou sable, qui était normalement associé à la coagulation. Dans les œuvres de Friederich Gualdus le balneum siccum a été décrit comme un moule de sable contenant une fiole adaptée et remettre une autre poêle du charbon de bois allumé. Puis, il y avait la chaleur de la cuisson dans un four qui était connu comme un four à réverbère. Les alchimistes avaient aussi un autre terme qu'ils appelèrent au quatrième degré de feu, et cela signifiait baignée de flamme, la torréfaction de la matière à des degrés élevés de chaleur souvent accompli dans un athanor. Alchimistes modernes utilisent parfois des fours à hautes températures dans leur travail aussi bien bien que la simplicité d'un feu à bois est souvent employée par ceux qui adhèrent aux méthodes traditionnelles. Ce livre n'est pas destiné à prêter à confusion avec les innombrables pages étant de nombreux livres d'alchimie moderne. Ce traité alchimique est censé être court et direct au point.

L'alchimie elle-même est un art simple et primitive, qui est aussi signifié dans les écrits de Michael Sendivogius lorsqu'il suggère que si les alchimistes de l'époque de Hermes devaient rencontrer des alchimistes modernes, ils ne comprendraient pas mutuellement très bien et que peut-être que les méthodes simples des anciens étaient en fait bien supérieures que ceux qui sont venus plus tard. C'est également rappelé dans la nouvelle lumière chimique où il est dit que la simplicité est le sceau de la vérité. La principale source de confusion puis est les écrits codés des adeptes anciens qui étaient uniquement destinés à transmettre leur niveau de connaissances à d'autres qui connaissaient déjà le grand travail tout en gardant leur connaissance secrète de personnes extérieures. Même si les anciens faits menstruums des choses telles que l'urine qui est signifié par les sphinx de béliers dirigés au temple de Karnak, découvertes des sages plus tard au moment de Theophrastus Paracelsus a en fait trouvé des itinéraires plus courts avec ces développements comme meilleure dissolution des agents qui peuvent être facilement achetés au lieu de devoir être créée par des opérations manuelles de votre temps.

Il y a des bons points et mauvais points à la fois les anciennes techniques ainsi que celle des modernes. Selon les écrits attribués à Michael Sendivogius, les anciens avaient un talent pour designer la pierre avec leurs méthodes Primitives. Certains des modernes ont été dit pour confondre et confondre le travail avec d'innombrables opérations inutiles. Il s'agit d'un bon exemple de l'apprentissage qui a été en constante évolution depuis des milliers d'années ou même plus longtemps. Anciens et des modernes pourraient avoir adapté et amélioré les uns des autres. Les anciens sages n'ont tout simplement pas accès aux mêmes ressources que nous avons maintenant, au lieu de cela ils ont été obligés de travailler avec ce qu'ils avaient. Nous pouvons pointez et cliquez pour acheter, avoir accès à une myriade de choses qui peuvent être livrés au lieu de devoir créer des menstruums à la main par exemple. Cela permet d'économiser beaucoup de temps et nous offre la simplicité alors que les méthodes primitives des anciens pour exécuter réellement la grande œuvre sont considérés comme supérieurs aux nombreuses méthodes modernes.

Solve et Coagula

Même si les anciens fait menstruums des choses telles que l'urine, en cette époque qui tout simplement n'est pas nécessaire et serait seulement d'entraver le travail en le ralentissant.

Les anciens n'ont tout simplement pas accès à des ressources que nous avons maintenant à notre portée, au lieu de cela ils ont été obligés de travailler avec ce qu'ils avaient.

J'ai moi-même puis-je créer près d'un gallon et demi de solvant de très haute qualité pour les fonds américains environ quatre dollars. Ce solvant va extraire le sel tant les principes de soufre nécessaires pour accomplir la pierre.

Certains menstruums vont extraire uniquement le principe sel, d'autres vont extraire uniquement le principe soufre, mais un bon solvant va extraire tous les deux et il va le faire rapidement sans détruire la vitalité de notre sujet.

Un solvant faible prendra plus de temps pour travailler ou ne fonctionne pas du tout. Un solvant puissant peut être trop forte et détruire votre travail, le point est de trouver le juste milieu. Un solvant est simplement un dissolvant doux.

Les écrits des anciens ont été écrits pour la plupart dans le code et les étapes réarrangés afin que personne ne pourrait trouver le vrai point de départ de l'excellent travail qui est en fait de trituration et veut dire broyer comme est fait dans un mortier et un pilon.

Un exemple de certaines des autres mots code des anciens sages, calcination, qui peut signifier la trituration ou même extraction. Huile, ce qui signifie communément poudre liquide ou encore du liquide évaporé.

Nous faire évoluer vers une description de l'équipement de base utile pour les travaux alchimiques.

ÉQUIPEMENT DE BASE 2

Tout d'abord, mes sources de collecte de matériel sont de trois ordres. Sans nommer les entités spécifiques autant pour dire magasin, internet, brocante fournira tout le nécessaire pour cet art ensemble. La materia prima véritable elle-même peut en effet être acheté en ligne.

Ingrédients pour la création de menstruums différentes peuvent être achetés dans les magasins.

Une sélection de mortiers et pilons, marbre, verre roche volcanique, en fonte. J'ai utilisé tous ces. Plaques électriques base, mijoteuses remplis de sable, verre en remuant Cannes conçues pour haute température, entonnoirs, entonnoir Buchner, filtres à café, pellicule saran, cornues de verre, scellable voir à travers les conteneurs pour le stockage. Assortiment de flacons et bouchons ainsi que bouteilles de divers types.

Une table de travail en plein air avec une source d'alimentation. Un brûleur à gaz portable tels que le brûleur latéral d'un barbecue. Étiquettes pour marquer les différents pots de substances. Fleurs de soufre sublimé, creusets avec couvercles, un pot de fleur d'argile avec sa soucoupe inversé comme un couvercle peut fonctionner pour cela tant qu'il n'y a pas de trou dans le fond de la casserole d'argile.

Mon préféré est le chaudron de fonte taille miniature dessus de table avec couvercle. Un morceau de fer, barres d'armature en taille 3/8 pouces d'épaisseur de 12 pouces de long peut être utilisé comme un agitateur. Plomb métal aurait été ont été utilisés pour les transmutations et j'ai vu des gens essayer avec du bismuth qui est censée être moins toxiques. J'ai moi-même ai récemment intéressé aux gallium qui sont visibles sur mon site Web.

http://www.howtomakethephilosophersstone.com

Soufre a sa place parmi les alchimistes car c'est la graine d'or et lorsque la lave s'écoule dans la terre si le soufre est présent huit fois plus d'or seront créés dans le magma en fusion que s'il n'y avait aucun soufre dans l'équation.

Casseroles en fonte avec couvercle peuvent servir de creusets. Bouchons pour flacons devraient inclure un assortiment de bouchons en caoutchouc ainsi que certains qui sont faites de verre dépoli.

Fouiller les marchés aux puces, ventes d'yard et même friperies produira généralement beaucoup d'outils alchimiques utilisables.

La vieille vision vaisselle verre pots et des casseroles qui ont été faites pour utilisation haut fourneau et peuvent prendre la chaleur élevée ont été indispensables pour divers travaux alchimiques.

Voici une astuce intéressante sur l'alchimie. Lorsque vous arrivez au point d'accord incendie et comment il pourrait être utilisé comme un outil pour l'excellent travail, quand vous commencez à comprendre ce que je veux parler, il est dit que Hermes lui-même effectué cette tâche en plaçant un charbon de bois allumé au bord de l'affaire qui a provoqué une flamme sur la surface qui a achevé ses travaux dans une trentaine de minutes de temps.

J'ai découvert une nouvelle plaque qui figure sur mon site. Il est intéressant parce que c'est moins cher que l'agitateur magnétique de plaque chauffante laboratoire que j'ai acheté, et il est également préférable. Il est numérique et vous pouvez définir ou ajuster la température en degré. Il a également atteint des températures très élevées si elles s'avèrent nécessaires.
www.howtomakethephilosophersstone.com il est également un four de dessus de table par le même fabricant qui je va être annonce bientôt aussi bien.

3 MON PARCOURS DANS LE FEU

À l'été 2008, j'étais assis devant mon ordinateur, jeux vidéo à mon ancien appartement à San Jose en Californie. Je m'étais ennuyé et il semblait qu'il y avait juste rien d'intéressant à faire. Soudain la pierre philosophale est venue à mon esprit, et c'est un sujet que je n'avais pas pensé au cours des années. Retour au lycée les jours que je me souviens le bibliothécaire de l'école avait un poème alchimie sur écran et j'ai réalisé que j'avais depuis longtemps les oublié les paroles qui avaient partiellement cité « c'est une pierre encore aucune pierre ». J'ai décidé de commencer à Rechercher l'alchimie dans les moteurs de recherche internet, mon but au départ était de trouver ce poème que je connaissais par cœur depuis de nombreuses années, mais avait depuis longtemps oublié. Je n'ai pas trouvé ce poème, mais j'ai trouvé un reportage sur Michael Sendivogius effectuant une publique transmutation du plomb en or. Comme je l'ai lu sa poudre jaune citron transmutation cristalline colorée je suis devenu plutôt intrigué. Il a été dit pour avoir été de nature métallique ainsi qu'un peu lourd en poids. Droite puis et là, j'ai décidé que je voulais savoir exactement ce qu'était cette poudre et juste comment a-t-elle été conclue ? Cela me lance dans une étude de quatre ans qui a abouti à la rédaction de cet ouvrage. Je n'ai pas encore mis bas l'ancienne science hermétique. Je ne semblent jamais perdre intérêt pour démêler les secrets des mystères de la nature qui seulement semblent devenir plus fascinant avec chaque nouvelle découverte. Quand j'ai commencé, j'ai commencé à acheter tous les livres alchimie j'ai pu trouver, j'ai acheté des bateaux de distillation, herbes, minéraux, Articles en verre laboratoire, plaques chauffantes électriques, fusion fours, pinces, gants, pièces d'or et d'argent, minérales et cristallines de spécimens, des échantillons de minerais métalliques, mortiers et pilons, cire d'abeilles non parfumée naturelle, en remuant les tiges, flacons et bouchons, agitateur magnétique/plaque de cuisson et bien d'autres choses à expérimenter. Après avoir lu beaucoup de livres qui m'ont induit en erreur, après beaucoup de confusion, frustration et contemplation j'ai finalement pensé à elle sur le mien. La pierre philosophale est fabriquée à partir de substances que la nature utilise pour créer des métaux dans la croûte terrestre. Presque tout le monde connaît cette substance mais estime qu'il est sans valeur.

C'est cependant le « gold » des alchimistes et les anciens ont été répandu pour avoir trouvé un médicament universel appelé aurum solis qui a été dit qu'elle était une panacée universelle du monde antique. Il croyait avoir été utilisé pour soigner la maladie dans les pyramides et disait aussi pour changer les métaux en or. la photo de couverture de ce livre dépeint certains de mes travaux.

La première question.

De nombreux sages a écrit sur la deuxième question comme si c'était le premier pour dissimuler l'entrée au philosophe du potager. Il a été dit que le jardin d'Eden est gardée par une épée flamboyante qui pointe dans toutes les directions. Au cours des siècles, beaucoup de gens ont supposé que ce « lieu » doit avoir une situation réelle sur terre. Toutefois, ils se sont trompés et donc ils l'ont jamais trouvé car ce jardin est effectivement verrouillé dans une substance, le jardin d'Eden est aussi appelé jardin du philosophe, il est aussi appelé le lion vert de l'alchimie. Elle est appelée sulfate de fer en termes modernes et contient en lui-même certaines substances alchimiques depuis longtemps caché de la foule. Cette substance est toxique. Ne pas consommer des substances. Ce travail alchimique antique a été appelé le chemin de l'acétate de métal. Ce qui prend la nature des milliers d'années pour créer au sein de la croûte terrestre était assisté par les anciens sages dans le but d'étudier et de raccourcir le processus de génération naturelle. Nature commence avec la lumière du soleil, terre, eau, minéraux et le feu combiné avec les saisons offrant le froid et la pluie d'hiver, la chaleur sèche et le soleil d'été, les intermédiaires du printemps et automne mais aussi la nuit, jour et vent. Soufre et fer peuvent être réunies en chaleur qui apporte une certaine qualité incombustible à l'élément de soufre et le fer pourrait ne plus être aussi vulnérable à la rouille comme il avait précédemment été. Une autre façon de nature crée est par l'action de l'eau, dissoudre et coaguler, et voilà comment se forment les cristaux. Par le feu ou par l'eau et parfois même par les actions des deux dans une opération plus complexe. Puis la pyrite de fer commence à se détériorer dans la croûte terrestre, comme l'exposition à l'air et l'eau entraîne les impuretés de se décomposer comme la nature continue à évoluer vers la perfection grâce à la poursuite de dissolution et de la coagulation qui est causée par la pluie et le soleil, résoudre et coagula. Par conséquent les impuretés détériorées peuvent être butées arrière ou jetées dehors, comme les larmes de la nature vers le bas et reconstructions jusqu'à ce qu'il y a pas plus d'imperfection ou de matériaux combustibles et de la hauteur de la perfection a été atteint et pour cette raison, les anciens sages croyaient que la nature évolue toutes choses vers l'or qui est intéressant, parce que j'ai vu des photos de très vieilles coquilles d'escargot qui sont devenues de pyrite au fil du temps. Ce qui va à quelques millions plus années de changement évolution ces coquilles en ? Que se passe-t-il si les anciens alchimistes qui étaient soupçonnés d'avoir compris ces choses avaient intervenu pour aider la nature dans ces processus secrets ?

La matière première de la pierre est en fait un sel que l'on croyait être extrait et purifié dans un liquide, et c'est pourquoi on l'appelait la pierre eau secret des sages. Il s'agit du solvant qui a été utilisé pour l'extraction.

Hermès Trismégiste expérimente tout d'abord impliqué urine., et bien qu'il peut être utilisé pour créer un solvant ou dissolvant agent (souvent confondu comme l'élixir de vie) le travail avec de l'urine a été finalement écarté comme alchimie a évolué pour travailler avec d'autres sujets, une fois les techniques Spagyrique avaient été perfectionnés et maîtrisées, on a découvert qu'elles pouvaient s'appliquer à d'autres choses. Les matières travaillées sur ont été changés. Des expériences ont été menées dans trois royaumes végétale, animale et minérale. Maintenant comme des siècles passés et alchimie a évolué depuis les premiers jours de l'urine des pyramides a été utilisé n'est plus aussi largement même si certains ont affirmé que le « sel volatil » peut-être avoir des qualités vers des troubles de la peau qui guérissent. Alchimistes a commencé à passer à d'autres substances et code de nommer les choses avec métaphores, énigmes, codes et symboles secrets associant même certaines couleurs à des stades spécifiques du grand oeuvre. Le vrai solvant dans la confection de la lapis philosophorum est censée être un distillat clair qui se colore en jaune après extraction, lorsque cette extraction est terminée le liquide a été appelé mercure duplex (pas élémentaire) bien sûr avant l'extraction, qu'il aurait été appelé simplex de mercure (mercure pas élémentaire) cette substance dont le code d'anciens sages nommé mercure philosophique est également divulguée dans les écrits de Théophraste Paracelse dans lequel il a dit "prendre tous ce vinaigre en couleur "jaune"

Étant donné que ce liquide est de couleur jaune, il a été identifié par d'autres noms de code comme "urine", "l'eau d'or", "Mercure philosophique" "Mercure duplex", "l'eau secrète", "acerrimum acetum" etc. La teinture. (non médicamenteux).

La première étape de la grande œuvre est appelée trituration qui signifie meulage en mortier et pilon jusqu'à comme Paracelsus a écrit, « il est aussi fine que les peintres broyer les couleurs ». Cela nécessite une quantité considérable de travail physique. Une autre méthode a été découverte d'utiliser un gobelet rock rotatif dont beaucoup l'ont dit prend environ une semaine pour accomplir. Il est lent mais est censée réduire le matériau à une poudre extra fine encore mieux que ce qui peut être accompli à la main. L'avantage de ceci est que la machine fait le travail et le résultat est mieux que ce qui peut être accompli à la main. Il y a un assortiment de ces dispositifs sur mon site pour la comparaison de la qualité et le prix.

www.howtomakethephilosophersstone.com

Dans mon travail j'ai moudre le matériel et ranger dans des contenants hermétiques jusqu'à ce que je suis prêt à commencer à travailler avec elle. J'ai des contenants plus petits hermétiques marqués Sol et Luna, qui peut être utilisée pour stocker le soleil philosophique et la lune philosophique autant que Nicholas Flamel fait qui s'est traduite par la deux Pierre pots qui avait été retrouvée dans son sous-sol contenant ce que l'on appelait les « poudres rouges et blancs » ici encore une fois il faut se rappeler que les anciens sages utilisé les codes de couleurs pour identifier des choses différentes, donc la couleur énumérée est peut-être pas la couleur réelle et véritable de la substance identifiée. Tels sont les principes de sel et de soufre qui les anciens sages appelé philosophique or et argent philosophique. Nom de code le rouge et les poudres blanches.

Avant leur séparation, qu'ils ont constitué un sujet pas encore fini dans son évolution par la main de la nature et en s'efforçant toujours vers la perfection. Cependant une fois que le minéral a été arraché du sol son évolution a été arrêté parce qu'il a été pris loin de ce qui a fourni ses éléments nutritifs, comme couper le cordon ombilical. Au motif qu'il a été retiré de fourni tout le nécessaire pour sa croissance et son évolution sous forme de minéraux spécifiques au domaine particulier ainsi que travaux par les outils de la nature comme le feu, l'air, terre, eau, chaud, froid, humide et sec. Les quatre éléments combinés avec les quatre saisons travaillant sur ce qui était contenue dans la croûte terrestre et il évolue lentement vers son ultime et le plus élevé possible niveau de perfection qui a assimilé les alchimistes d'or.

Quand les anciens sages a écrit des choses telles que le vitriol, vitriol vert, antimoine, mercure, l'eau de mer, notre mer philosophique, notre echeinis de poisson qui nous pêcher à la ligne dans notre mer philosophique, jardin etc. du philosophe, toutes ces choses se réfèrent à la seule chose, soit sous sa forme sèche ou humide. Et qu'une chose, nous savons que le lion vert. (non médicamenteux). Le lion vert de l'alchimie. Notre jardin secret, le jardin des sages, le jardin de la philosophe, la vallée des rois. Jésus a heurté l'eau du rocher. Jésus a transformé l'eau en vin. Il a heurté l'eau provenait de la roche qui a été transformée en vin ? Quelles variétés différentes de couleurs fait du vin s'affichent normalement, blanc jaune ou rouge ? Intéressant, on dirait qu'il y a secrets code Mots cachés dans la bible qui ont été placés il y a longtemps, rester inaperçu de la foule tout au long des siècles.

Dans mes premières expériences de minéraux, j'ai étudié purifiant revivifiant sels avec l'eau distillée et apprentissage de recristallisation au cours de ce processus. Cela m'a appris sur la dissolution et coagulation ainsi que des températures et des procédures pour les deux, des informations qui se rapporte directement à la séparation, de purification et de réunification en aidant la nature intéressantes.

Avec ces sels purifiés, j'ai expérimenté avec différentes méthodes de fusion essayant de se joindre à eux à d'autres substances avec différentes méthodes, y compris le creuset ainsi que de dissolution et de coagulation ou de la dissolution et recristalliser de différentes substances ensemble pour voir quel type de structures cristallines que je pourrais cultiver ou fusionnent dans la chaleur du creuset.

J'ai utilisé la voie humide dans le œuf philosophique, ainsi que la voie sèche par cornue et creuset de voir quel serait le résultat. Mettre ma main au feu pour ainsi dire et tester mes théories. Imitant le cycle de la pluie, dissoudre et coaguler. Qui tout simplement signifie ajouter du liquide pour dissoudre et évaporer à coaguler à environ la température d'une poule de couver, multiplier sans fin.

Rassurez-vous en lecture ce livre qu'il est en fait le vrai travail et l'expérience de quelqu'un qui mérite le titre d'adepte et donc qualifié pour le discours en ces matières, toutefois pas lié par un serment de silence à n'importe quel ordre fraternel et colportage ne pas fausses élixirs en ligne.

Maintenant, retour à mes expériences antérieures qui m'a conduit jusqu'aux niveaux plus élevés de l'alchimie par essais et erreurs, et qui sont la raison pour laquelle j'ai pu Voici Dianna dévoilé.

J'ai fini par créer une pierre cristalline et il multiplié à la sixième puissance étant citrine en couleur. J'ai décidé de le tester en castant sur plomb fondu pour voir si elle allait tourner en or mais il a échoué. Tenace, comme je suis et refusant d'abandonner que je suis retourné à la planche à dessin, j'ai continué la recherche et créer différentes pierres, multiplier et leur jetant sur plomb fondu pour voir le résultat, échec. J'avais étudié sous tous les angles que je pouvais penser jusqu'à ce qu'un jour une nouvelle idée m'est venue. J'ai conçu un processus systématique intelligent et logique pour déterminer les substances vrais et prouver qu'ils soient corrects. Mon idée était très simple et efficace, il m'a éclairé très rapidement quant aux vraies matériaux. Un simple test sur le métal en fusion m'a montré le signe que je cherchais, preuve que j'avais trouvé l'affaire secrète des anciens. Je vais révéler ma technique de déchiffrage dans une section ultérieure de ce livre et avec justesse l'appeler « Mots antique ».

Après avoir découvert les substances vrais sur le mien et avec l'aide d'absolument aucune autre j'ai réalisé davantage de recherche et d'expérimentation prouver à moi-même qu'il s'agissait en fait rien d'autre que les substances correctes des anciens. La pierre est double, elle est centrée sur le sel fondu avec son propre élément de soufre. Fondamentalement, cela se réfère à la voie sèche de conjonction faite dans le creuset.

Dans la voie humide une Aludel a été souvent utilisé pour recueillir le sel air secrète des anciens sages qui est la terminologie pour une substance volatile, ce qui signifie qu'il peut être recueillie et purifiée par vaporisation et puis condensé ou solidifié par refroidissement en verre pour contenir cette « fumée ».

Selon les termes de Michael Sendivogius simplicité est le sceau de la vérité.

Nous ne devons pas ces ordures comme étoilé regulus vénusiens lunaire d'antimoine. Les alchimistes composés de ces mots complexes et les processus de confondre la multitude et de cacher la vérité de leur art. Ils ont fait tel un excellent travail de ce que la plupart des gens simplement accepté la croyance que l'alchimie est un art faux, sauf pour moi. J'ai vu l'étincelle de vérité dans les paroles de Michael Sendivogius et j'ai refusé de quitter ou d'accepter la défaite. J'ai gagné mes connaissances pour m'avoir l'aide de personne. J'ai amené la lumière d'avec les ténèbres. J'ai bu de l'arbre de vie et l'arbre de la connaissance devient un des plus lumineux. Je me suis senti le renforcement des membres et des os ainsi que le grossissement des sens tels que la vision et l'audition qui ont été décrites par les anciens dans leurs manuscrits alchimiques.

L'étoilé regulus est un faux chemin conçu pour amener les gens de la vraie pièce, beaucoup de gens auront digèrent mal cela parce qu'au fil du temps, nous avons tendance à devenir situé dans nos moyens. Cependant peut-être une façon simple de l'expliquer est que les alchimistes a écrit dans le code pour la plupart donc comme d'habitude la terminologie, c'est ne pas à prendre à leur valeur nominale. Les mots écrits ne signifient pas toujours ce qu'elles semblent comme en témoignent les conseils alchimique de Michael Sendivogius dans la nouvelle lumière chimique dans laquelle il émet cet avertissement ;

"Laissez-moi donc avertir le lecteur doux que mon sens doit être appréhendée non pas tant de l'enveloppe extérieure de mes mots, à partir de l'esprit vers l'intérieur de la nature. Si cet avertissement n'est négligé, il peut passer son temps, travail et argent en vain. Qu'il considère que ce mystère est pour les sages et pas pour des imbéciles. Sens vers l'intérieur de notre philosophie sera inintelligible à fanfarons

vaniteux, aux moqueurs vaniteux et aux hommes qui étouffent la voix bruyante de la conscience avec l'insolence d'une méchante vie".

Je partage certaines de mes connaissances avec le monde, vous demandez-vous si la pierre est réelle?, demandez-vous ceci, si c'était faux serait il ont suscité des siècles valeur des légendes laissant certaines personnes recherchant toujours ? la preuve de la vérité est tout autour de nous et presque partout que nous allions bien que ceux qui sont éveillés voient les signes secrets et symboles des sages dans toute la société, tandis que ceux qui sont encore endormis manquer de remarquer.

4 THÉORIE SUR LE SEL

Maintenant je dis que l'eau est composée d'oxygène et d'hydrogène, donc ces deux substances ont une affinité pour l'autre. L'eau est comme un aimant pour le sel, remarquez comment il peut dissoudre, absorber et recristalliser certains sels solubles. Puisque l'eau est un aimant au sel et il est composé d'oxygène et d'hydrogène, alors nous pouvons supposer que l'oxygène et l'hydrogène sont des aimants du sel ainsi. L'univers étant composé principalement d'hydrogène, ce gaz tourbillonne autour des planètes attirant le sel lunaire céleste des cieux. En entrant dans notre atmosphère, l'hydrogène se mêle aux nuages d'oxygène et de formes. Comme cela se coagule dans l'eau il se résume à nous sous la forme de pluie et de rosée. Il apporte le sel céleste avec lui sur terre, tremper dans le sol. Il fige dans le froid de l'hiver, au printemps le dégel du sol et la centrale thermique de la terre conduit vers le haut une fois de plus respirer la nouvelle vie dans toutes les plantes et les arbres obligeant à être verte et fertile avec la nouvelle croissance. Si ce sel dans son voyage vers le haut se coince sous un rocher, qu'il se coagule et forme une nouvelle substance ou un élément, selon quels minéraux sont présents dans le sol environnant. Si ce sel entre en contact avec un certain principe de soufre, il forme une substance particulière que nous pouvons voir et ramasser, qui vous le savez peut-être que la prima materia metallorum des anciens sages. Il est vu par tous, mais connu sous peu, il est généralement foulé aux pieds des hommes et compté comme sans valeur. C'est rire et raillé par les multitudes. Je pourrais garder mon travail privé. Je pouvais choisir de ne pas partager mon livre avec vous. Il peut être jugé par les sages et les fous comme. Le sage, ayant les yeux pour voir la vérité de mes paroles, les fous de railleries en mécréance tout en ne réalisant pas leur propre ignorance. Dans la publication de mon livre, je prends aussi crédit comme l'un qui a débloqué le mystère et découvert la vraie pierre des sages anciens.

Le serpent ailé qui se déplace sur la terre.

5 MOTS ANCIENS

Permettez-moi de vous divulguer la solution simple et clair pour résoudre l'énigme de la pierre philosophale.

Tout d'abord, où alchimie vient-il ? Qui a inventé cet art ? Qui était cette personne antique qui a découvert et maîtrisé la pierre ? Il était Hermès Trismégiste, le père de l'alchimie, et il a été dit qu'il vécu pendant peut-être même des milliers d'années.

Il fut un souverain sacrificateur dans les pyramides de l'Egypte ancienne. Donc si nous voulons connaître la vérité de la pierre, qui devons nous demander mais le maître lui-même. Demandons-nous, comment peut-on se procurer ses mots vrais lorsque les rouleaux de papyrus est révolue depuis longtemps ?

Vérité est simple, ce que nous devons travailler avec sont des hiéroglyphes. Nous pouvons regarder vers le haut, lire les interprétations données d'eux, l'accepter comme un fait et aller dans l'ignorance avec le reste du monde. Ou nous pouvons nous rendre compte que si un enseignant apprend une erreur, ils enseigneront l'erreur à l'étudiant. Un de mes endroits préférés de chercher en ligne des glyphes est le temple d'Amon Rê à Karnak, il s'agissait d'un endroit où alchimie fut jouée jusqu'il y a peut-être quatre mille an. Il semble avoir été une ville avancée. Le sens simple est la suivante, j'ai décidé de ne pas accepter l'interprétation donnée aux glyphes antiques. J'ai mené ma propre interprétation de ce que je pense que certain symboles moyenne et les voir dans ma propre langue. Et puis, je me demandais ce qui se passe si je traduis ces mots dans différentes langues anciennes et modernes à l'aide de traduction internet services pour consulter les résultats. Intéressant en effet, j'ai découvert que la véritable pierre de l'ancien philosophe écrit aussi simple comme le jour, pour ceux qui ont des yeux pour voir. Frappez et l'on seront ouvriront à vous.

Ne pas essayer à la maison.

L'ens Primum Melissa est un élixir intéressant en effet. L'ingrédient de base de celui-ci est de mélisse. (Melissa officinalis). C'est une plante herbacée de la famille des menthes qui était populaire dans les écrits de Théophraste Paracelse dans laquelle il se vantait de ses rumeur réparatrice ou qualités régénératrices. Il est fabriqué à l'aide technique Spagyrique de base avec un solvant tel que l'alcool de grade alimentaire de preuve très élevée pour éliminer ou réduire au minimum la teneur en eau. L'essence est extraite de la matière de la plante séchée avec de l'alcool. Il recueille l'esprit et l'âme de l'herbe. Le matériel végétal restes est alors calciné qui peut être fait par la cuisson ou le rôtissage dans un four à réverbère ou autre four en plein air. La potasse est ensuite dissous dans l'eau de pluie chaude ou d'eau distillée et filtré pour enlever les impuretés. Le liquide obtenu est ensuite évaporé de doucement dans la lumière du soleil pour révéler le potassium fixe, alcalin sel ou sel de potasse. Ce sel est très puissant mais aussi puissant. Ne pas ingérer des substances. Cet ouvrage ne constitue pas un avis médical de tout type.

Le primum ens Melissa est censée avoir des anti-âge et rajeunissant de qualités.

J'ai moi-même actuellement fonctionnent dans sa production même si je n'ai commencé avec elle comme mon premier sujet quand j'ai commencé à étudier l'alchimie en 2008.

J'ai actuellement tout simplement profiter de préparation du thé à partir des feuilles séchées de la plante. Je ne souhaite pas nommer les autres entités en indiquant leurs noms dans mon livre sans permission, mais je dirai que j'obtiendrai mon herbes auprès d'une société particulière herb dans San Francisco, qui est nommé d'après la ville où il réside.

J'espère que vous avez apprécié mon livre, c'est un livre de la connaissance. Révélant que qui était caché dans les sables du temps. Mon travail, mon livre, ma découverte, enregistre également l'une grande chose que j'ai fait de ma vie.

École Alex Steven
20 mars 2016

6 MÉDECINE MÉDIÉVALE

Les anciens sages expérimentèrent des médicaments primitifs en travaillant avec des substances provenant des royaumes aussi bien les animaux et les végétaux. Écrits attribués à Hermès a suggéré à la recherche d'un sel de creuser dans la terre dans les luxuriantes prairies fertiles de l'herbe et des fleurs au printemps et puis extraire certains type de sel qui était censé provoquer les usines se développent et le retour des choses pour le printemps de leur existence, peut-être garder ce que nous appelons la jeunesse pendant de longues périodes de temps. Retour en arrière l'horloge pour ainsi dire et en changeant les saisons de la vie de sont replier au printemps, lorsque les choses sont dynamiques et saines et dans leur jeunesse. Les anciens au sol de coquilles de œufs en poudre qu'on croyait être dissous et facilement digéré comme un supplément minéral. Ils rôti des os de carcasses d'animaux tels que les côtes et ensuite ces utilisé pour préparer de la soupe par cuites dans des chaudrons d'eau pendant des périodes de temps. Dans notre monde moderne, nous appelons ce bouillon d'os qu'ils croyaient contenait les éléments de la vie, ou certains des éléments constitutifs de la nature que nous pouvons avoir été créés à partir. Dans la Rome antique les gladiateurs étaient censées avoir utilisé une boisson traditionnelle crue pour aider à renforcer les os et la vitesse, que le processus de guérison des blessures et cela a été répandu pour avoir été créé par la préparation du thé des cendres de bois de chêne. Si cela est vrai, qu'il peut avoir été ce que nous appelons la potasse ou l'extrait, celle-ci étant une forme de potassium. Gravure de loin les impuretés combustibles du matériau avec l'élément primitif du feu et qui sépare le pur de l'impur avec l'élément de l'eau. L'eau et le feu agissant sur le sujet pour séparer les éléments constitutifs de la nature qui avaient été bloqués à l'intérieur du bois comme l'arbre a grandi et a tiré de ces minéraux dans le sol par le système racinaire et utilisant l'eau comme le véhicule de transport. Le potassium est un élément puissant et le montant aurait été très petit doses importantes pouvant être préjudiciables à leur santé. Ceci peut être vu dans le cas de fertilisation des plantes qui implique l'utilisation d'oligo-éléments ou éléments traces depuis trop causes l'usine à dépérir et mourir, où la plus petite quantité peut provoquer la santé dynamique au sein de la structure de la plante. L'eau qui a été fraîchement distillée est considéré par certains d'être fraîchement oxygéné ainsi purifié. Ceci peut être comparé au souffle de vie ou de l'air primitif qui traite de la bible que Dieu souffle dans les narines Adams après que qu'il a été dit a été créé de la terre adamique rouge. Ce type de distillation peut être comparé au cycle de pluie natures où ce qui est dessous est emporté par le vent pour revenir à la terre d'où il venait. Le vent a porté dans son ventre et la terre est son infirmière, sa force il doth aquire dans le feu. Dans les nombreux écrits de Pline l'ancien, un petit bijou a trouvé sa place pour moi tout au long du temps il y a deux mille ans où il a enregistré ses conseils à ses lecteurs que le foyer doit être le coffre de médecine. Le foyer est une cheminée et quel est son contenu mais les cendres. Les anciens ont dit avoir perçu l'eau de pluie avant il a touché le sol, car il n'avait pas encore absorbé des minéraux ou des impuretés du sol.

Je pense que qui est fait à partir des métaux est pour les métaux et ne pas à être utilisée au sein de la plante ou l'animal royaumes et c'est juste une question d'opinion personnelle, mais les métaux sont connus pour contenir des substances toxiques éventuellement liée à des choses telles que la maladie d'Alzheimer et d'autres complications de santé. Les anciens a averti ne pas confondre les royaumes ou confondre les substances de ces choses. Animaux consomment des os et moelle osseuse dans la nature pour la subsistance et nutrition et l'eau ainsi que certaines plantes et herbes ayant une valeur pour eux. Par conséquent, on pourrait considérer ces choses comme le fait que les vitamines contiennent seulement des traces de minéraux et pas une plus grande quantité. Dans le domaine des métaux Paracelsus, parle de l'esprit de teindre en une huile rouge ou jaune, qui a été associée à des métaux, des pierres et des cristaux pas pour les animaux depuis que métalliques extraits et dérivés y sont souvent toxiques comme nous l'avons dit. Nicholas Flamel était censé avoir appelé cette huile métallique rouge Mars, Dieu de la guerre qui peut-être être associé à fer robuste et courageux. Lorsque le fer et le soufre s'allier en chaleur le soufre est censé devenir incombustible, tandis que le fer est également modifié. Le nouvel élément qui est produit peut être associé à la pyrite de fer (non médicamenteux) Cependant il semblerait dans l'expérience que les natures était au travail, designer ou d'évoluer un métal dans la croûte terrestre et de faire progresser en similitude vers l'or. les anciens croyaient que tous les métaux proviennent de la même racine et simplement évoluent vers la perfection au cours du temps. Un des objectifs des alchimistes primitifs était simplement pour aider la nature en mettant les conditions adéquates pour que l'évolution naturelle peut se produire sur ses propres sans l'imposition des mains une fois la bonne conditions ont été mises en place.

Les quatre éléments de la nature sont le feu, air, terre et eau. La terre représente l'objet de travaux par la simple action de la nature. Feu air et l'eau serait alors les outils naturels que la nature utilisés pour appliquer les modifications en question. Dissoudre et coaguler en utilisant les éléments constitutifs de la nature, ce qui est agréable en nature ou similaire tout en séparant le pur de l'impur coagulant. Dans les écrits attribués à Maria, la prophétesse, qu'elle croit avoir communiqué la connaissance alchimique avancée au roi Aros, dans lequel elle a conseillé de ne pas pour filtrer quoi que ce soit dans ses propres œuvres comme d'autres l'avaient fait. C'est agréable à l'action de la nature se dissoudre et coaguler tout en séparant le pur de l'impur sans l'imposition des mains. Tous les alchimistes se sont rendus à peu près la même route, s'efforçant d'évoluer vers la perfection dans leurs œuvres, à l'instar des natures s'efforce de faire évoluer ses produits vers la perfection par l'évolution. Nous commençons tous à l'ouverture et le travail de notre chemin vers le don de l'illumination divine en parcourant ces pierres de progression des connaissances ou des avancées technologiques. Ceci peut également être vu dans les glyphes au temple d'Amon Rê à Karnak, où les images sont représentés d'un panier de tissu rayé situé sur un Trivet au-dessus d'un bol qui ressemble à un entonnoir Buchner précèdent une fiole ou autre récipient de collecte comme un plat, bol ou pot des temps modernes. Ces progrès des connaissances en procédure de base pourraient être comparés à un vélo avec des roues pour ceux qui commencent tout juste à apprendre à le monter. Il arrive un moment où les roues stabilisatrices ne sont plus nécessaires qu'on avance ou évolue vers la maîtrise et la perfection de l'art. Nous commençons avec des outils rudimentaires durant le processus d'apprentissage et puis apprendre à éliminer ces choses que nous n'avez plus besoin que nous évoluons vers le soleil alchimique ou la perfection. J'ai commencé avec beaucoup de choses, mais aussi des idées plein la tête que j'ai entrepris mon voyage alchimique dans l'ancien art hermétique et maintenant je vois la lumière de la vérité ou éclairage tel que Sendivogius communiqué dans ses écrits conseille d'adhérer à son vrai sens au lieu des spathes de ses paroles, dans lequel les méthodes simples et primitifs des "anciens" aurait peut-être été le meilleur après tout au lieu de la distillation d'innombrables et autres instances du monde moderne. Le récit de la bible de Moses et le veau d'or vient à l'esprit. La figurine symbolisant « or » étant brûlée dans l'incendie et éparpillés sur l'eau. Jésus, transformant le « eau » en vin et aurait été de soigner les malades. De retour en arrière entre les mains de temps ou de changer les saisons retour au printemps.

7 EDWARD KELLY
(EDWARD TALBOT)
8-11-1555 À 11-1-1597

Edward Kelly aurait trouvé refuge dans une auberge tout en voyageant. Comme il a mangé son souper, que l'aubergiste se mit à lui raconter une histoire sur un couple de pilleurs qui avait échangé un livre avec deux rondes boules contenant poudres mystérieuses de rouges et blancs en échange de repas et le logement. Ces éléments étaient censées avoir été volé dans la tombe d'un célèbre alchimiste allemand qui était censé avoir vécu pendant près de mille ans. Kelly a déjà eu un fond en alchimie et les articles achetés de l'aubergiste en lui payant en or. Les éléments ont alors été emmenés à la Cour de l'empereur Rudolph 2 où le livre a été traduit comme l'original avait été écrit en langue allemande. Les poudres ont aussi été testés et la rumeur veut que la transmutation a été effectuée par ces expériences. Il a été dit que Kelly appris beaucoup sur l'alchimie de ce livre rare. Empereur Rudolph a financé la traduction et l'étude de l'ouvrage ainsi que les expériences qui ont suivi. Lorsque les poudres manqué, il est dit qu'il a grandi impatient avec les progrès de l'apprentissage le secret de la façon dont elles ont été faites et qu'il demanda Kelly qui doit apparaître dans sa Cour de lui expliquer le mystère et de lui enseigner les secrets de la poudre de transmutation. On croit encore que Kelly n'était pas en mesure de se conformer, et qu'il s'est suicidé en buvant la teinture rouge à l'âge de 42 ans.

8 NICOLAS FLAMEL
1330-1418

Nicholas Flamel était non seulement un scribe mais un libraire Français et un alchimiste à Paris France, qui a vendu des manuscrits et a dit avoir découvert la pierre philosophale d'un livre rare attribuée à Abraham Eleazer. Après sa « mort » son mausolée avait été cambriolée par des pilleurs de tombes qui ont déclaré qu'il est vide conduisant les gens à croire que Nicholas peut ont devenir immortel grâce à la découverte de la pierre. Pour cette raison les légendes sont nés qui ont traversé les siècles et sont encore parlées d'aujourd'hui. Flamel aurait à effectuer la transmutation trois moments distincts chez lui avec sa femme Perenelle. Une grande partie du produit étaient considérés ont été donné à la charité, de construire des hôpitaux, restauration d'églises et des habitations des pauvres. Dans une lettre à son neveu bien-aimé avant sa disparition qu'il nous a laissé ce cadeau.

Je révélerai à vous un secret neveu, par mon amour pour toi. Vous devez faire usage de la citrine « mercure » pour rendre l'imbibition de la pierre rouge.

Là encore, il faut se rappeler la terminologie philosophique et n'associe pas avec le mercure élémentaire qui est toxique.

9 MICHAEL SENDIVOGIUS
Alchimiste polonais.
1566-1636

Michael Sendivogius a été dit d'avoir rencontré et reçu certains éléments alchimiques de la légendaire Alexander Seton qui avaient été torturés lors des interrogatoires et par la suite succombé à ses blessures. Parmi ces choses auraient été notes de laboratoire de Seton, une quantité de poudre de transmutation, ainsi que veuve d'Alexandre dont Sendivogius est censée avoir repris avec. Michael Sendivogius a expliqué le mystère du secret de l'alchimie en ces termes.

Simplicité est le sceau de la vérité.

"Il a sa naissance dans la terre, sa force il doth aquire dans le feu, et il devient la véritable pierre des sages anciens. Laissez-le être nourrie pour deux fois plus de six heures avec un liquide clair, jusqu'à ce que ses membres commencent à se développer et croître rapidement. Puis laissez-le reposer dans un endroit sec et modérément chaud spot pour une nouvelle période de douze heures, jusqu'à ce qu'il a lui-même purgé en donnant une vapeur épaisse ou de la vapeur et devient solide et dur au sein. Le lait de vierges qui s'exprime de la plus grande partie de la pierre est ensuite conservé dans un ovale soigneusement fermé en forme de bateau de distillation du verre, et est jour merveilleusement changé par le feu vivifiant, jusqu'à ce que toutes les différentes couleurs se résolvent dans une splendeur douce fixe d'un éclat blanc, bientôt, sous le genial continue d'influencer de l'incendie , passe à un violet glorieux, le signe extérieur et visible de la perfection finale de votre travail.

PROJECTION 10

L'expérience de projet est souvent associé à ce qu'on appelle la fusion froide. Ce terme est censé indiquer l'inutilité de haute énergie ou niveaux même excessives de chaleur. Nicholas Flamel aurait été ont projeté sa pierre sur mercure liquide. Autres écrits de hauts niveau adeptes anonymes a indiqué enfermant le « or » dans le mercure dans un récipient hermétique et le laisser seul. Dans cette expérience, aucune chaleur n'est utilisée. J'ai moi-même ai toujours conseillé de rester loin de mercure car il est toxique. L'un des fours secrets que j'ai choisi de l'appeler des anciens sages que j'ai vu dans quelques-uns des écrits plus anciens ont indiqué qu'ils ont creusé un petit trou dans le sol souvent dans un sous-sol ou dans une maison où il serait quelque peu protégés et placés dans un globe de verre rond ayant un long cou, en plus d'être bien fermée par un bouchon de bon. La saleté a été ajoutée ensuite vers le trou pour stabiliser le navire tout en laissant le cou exposé. Tours en bois courts ont ensuite été créés des branches de chêne seulement quelques pouces de diamètre et est creusé dans le centre. Ceux-ci étaient auraient été empilés sur le cou du navire et pourraient avoir été soigneusement débarrassés pour inspecter périodiquement le contenu du verre au cours de l'évolution naturelle. Or et mercure semblent avoir une affinité pour l'autre qui est vu dans les anciennes exploitations minières, où le mercure a permis de recueillir or fin qui pourrait être plus tard séparés par des processus un peu dangereux entraînant souvent empoisonnement au mercure. Je crois que l'affinité de ces deux pourrait indiquer que l'or était en fait de mercure avant de devenir or. un métal pur et liquid, pas encore assigné à aucune identité particulière des autres métaux comme le fer, étain, plomb, cuivre, or, argent, etc. et peut-être en mesure d'être évolué vers la perfection par nature au sein de la croûte de terre. Gallium est récemment venu à mon attention ces derniers temps. Je crois savoir qu'il fond à très basse température et possède donc des qualités expérimentales intéressantes.

L'alchimiste Alexander Seton était censée avoir été le mentor ou tout simplement un ami de Michael Sendivogius. Il y a différents comptes de leurs œuvres, y compris une transmutation publique présumée impliquant un creuset d'orfèvres avec couvercle mis sur un feu ordinaire et une tige d'agitation en fer. La légende raconte que le plomb a été placé dans le creuset suivi de soufre ordinaire, le couvercle fixé et mis sur le feu pendant environ quinze minutes, tandis que le plomb fondu et mêla le soufre fondu. À ce stade, le couvercle a été supprimé et un morceau de papier contenant une substance jaune citron lourde, métallique, cristalline plié était censé sont tombés dans le centre et agité avec la barre de fer. Ce mélange est ensuite versé dans un bar et laisse refroidir.

Pirates, utilisés pour faire ce que l'on appelait les barres d'or de doigt en faisant une petite empreinte dans le métal en fusion au sol et verser dedans comme un moule rudimentaire et primitif.

Un autre compte du travail de Seton a indiqué qu'un creuset avec couvercle et un fourneau servaient parfois. On raconte que quelques grains d'une poudre brun rougeâtre ou précipité ont été placés dans le fond du creuset suivi d'un métal comme ou semblable à conduire et ensuite un agent fluxage a été placé sur le dessus pour créer un joint qui empêche, qui était au fond de s'échapper comme il volatilisée et rose dans le métal qui précède. Le creuset a été dit d'avoir été couvert avec le couvercle avant d'être placé dans le four.

Un des écrits de Sendivogius concernant la confection de la pierre a indiqué que lorsque les cendres au fond du navire étaient d'une couleur brun-rougeâtre Vermeille et l'eau avait rougi qui peut-être un devrait ouvrir le navire scellé, tremper une plume et voir si elle teinte un morceau de fer. Il a ajouté que peut-être on devrait ensuite ajouter autant de l'eau comme l'air qui était entré et refermer le navire. Ce qui vient à l'esprit maintenant est un souvenir du sceau d'Hermès qui n'est pas une étanchéité parfaite. Ce qui est scellé peut être préservé dans la préparation de conserves de légumes, toutefois dans le cas de la putréfaction dont je vais comparer à la fermentation des esprits pas une étanchéité parfaite est plus susceptible d'être utilisé. Dans le cas de vin faisant un SAS barboteur est souvent utilisé qui crée un joint d'eau. En putréfaction ou « pourriture de substances » comme urine cependant, le processus est stimulé par l'admission de petites quantités d'air tandis qu'expansion de gaz peut trouver d'évent, afin que les lunettes ne font pas lézarder.

Sur une note séparée, « l'humidité distillée de la lune » plus tard peut-être associée à l'expression « moonshine ».

Il y a longtemps alors que je faisais des recherches sur alchimie en ligne, je suis tombé sur quelque chose que je n'ai jamais pu retrouver. C'était une légende d'un alchimiste du siècle précédent soi-disant transformant clous en fer plantés en argent. L'histoire est qu'il ose dans les collines seul pour recueillir les documents pour travailler sur et qu'il a créé une poudre blanche et une huile claire. Les ongles de fer étaient censés avoir été plongé dans l'huile claire et ensuite enduits avec la poudre blanche avant d'être chauffé dans, sur ou près d'un feu ordinaire jusqu'à ce qu'ils brillait rouge chaud. Ces ont été ensuite soigneusement enlevés et laisser refroidir. La légende indique que le fer était devenu argent respectant les tests usuels.

A PROPOS DE L'AUTEUR

WWW.HOWTOMAKETHEPHILOSOPHERSSTONE.COM

WWW.STEVENSCHOOL.COM

WWW.WOLFHOUNDROTTWEILERS.COM

56107048R00021

Made in the USA
Middletown, DE
19 July 2019